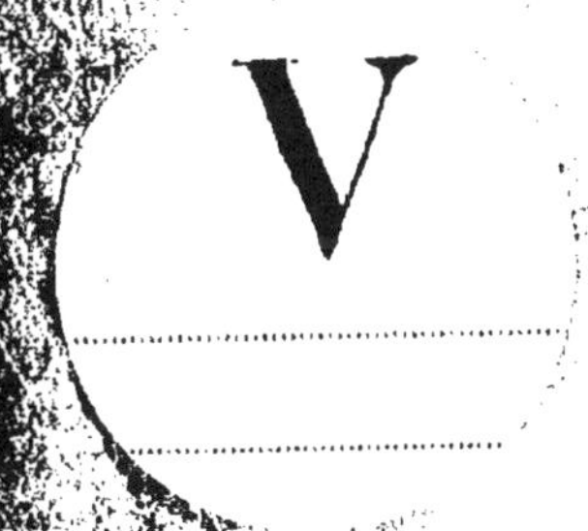

V.

DISSERTATION

SUR LES TRIREMES,

ou Vaiſſeaux de guerre des Anciens.

Ornari res iſta negat contenta doceri.
Manil.

IL doit paroître d'abord ſurprenant, qu'on puiſſe ignorer aujourd'hui ce qu'il faut entendre pat ces ſortes de vaiſſeaux, que les Anciens appelloient *Biremes*, *Triremes*, *Quadriremes*, &c. Les Auteurs Grecs & Latins en parlent tous aſſez ſouvent. Pluſieurs même en font des deſcriptions fort étenduës. D'ailleurs l'art de naviger, de conſtruire des vaiſſeaux, d'équipper des flottes, s'étant conſervé ſans interruption depuis eux juſqu'à nous, la vûë de nos

V.

DISSERTATION SUR LES TRIREMES, ou Vaisseaux de guerre des Anciens.

Ornari res ista negat contenta doceri.
Manil.

IL doit paroître d'abord surprenant, qu'on puisse ignorer aujourd'hui ce qu'il faut entendre par ces sortes de vaisseaux, que les Anciens appelloient *Biremes*, *Triremes*, *Quadriremes*, &c. Les Auteurs Grecs & Latins en parlent tous assez souvent. Plusieurs même en font des descriptions fort étenduës. D'ailleurs l'art de naviger, de construire des vaisseaux, d'équipper des flottes, s'étant conservé sans interruption depuis eux jusqu'à nous, la vûë de nos

A

propres vaisseaux ne devroit-elle pas suffire, pour nous donner une juste idée des leurs ? & nous en faire juger au moins par proportion & par comparaison avec les nôtres ? Leur maniere de construire leurs vaisseaux a-t-elle pû nous devenir impraticable ? Ou, eux, ont-ils pû ignorer ou negliger celle que toutes les Nations regardent aujourd'hui comme la seule dont on puisse faire usage ? Ces propositions, qui paroissent autant de paradoxes, deviennent cependant des suites necessaires du systeme que plusieurs Auteurs embrassent, pour expliquer les Triremes & autres bâtimens des Anciens. Mais avant que d'entrer davantage dans une question, dont on ne sent bien la difficulté, qu'après avoir examiné avec soin tout ce qui se dit de part & d'autre, il est à propos de mettre le Lecteur au fait de la dispute.

Pour éviter toute équivoque, on doit remarquer, que les vaisseaux appellez μονόκροτα, δίκροτα, &c. μονήρεις, διήρεις, τριήρεις, &c. c'est-à-dire *Uniremes*, *Biremes*, *Triremes*, &c. ne peuvent être pris pour des vaisseaux qui eussent une, deux, trois, ou quatre rames de chaque côté. Ce seul passage de Vegece suffira pour en être convaincu : *Minimæ Liburnæ remorum habent singulos ordines, paulo majores binos, idoneæ mensuræ ternos, vel quaternos; interdum quinos sortiuntur remigum gradus.. .. Scaphæ tamen majoribus Liburnis exploratoriæ sociantur, quæ vicenos prope remiges in singulis partibus habent.* Veg. l. 5. c. 7. Voilà des vaisseaux qui ont vingt rameurs de chaque côté, & qui sont pourtant moindres que ces autres appellez *Liburnæ*, à qui on ne donne qu'un, deux, trois, quatre ou cinq rangs de rameurs. Or ces vaisseaux appellez *Liburnæ*, & à qui, faute d'autre nom, on peut donner celui d'*anciennes Galeres*, en faisant abstraction de l'idée que nous attachons à nos Galeres modernes, ces vaisseaux, dis-je, ne sont autres que les *Biremes*, les *Triremes*, les *Quadriremes*, &c. Les rangs differens de rames ou de rameurs d'où elles tiroient leur nom, ne pouvant donc être pris pour le nombre de rames qu'elles avoient de chaque côté ; il s'agit de sçavoir ce qu'on doit entendre par ces rangs, & comment on les doit placer.

Si les anciennes Galeres dont les Auteurs font mention, ne passoient pas deux ou trois rangs, il ne seroit pas étonnant qu'on fût porté à prendre ces rangs ou ordres, pour autant d'étages de rameurs placez les uns sur les autres; peut-être même cette disposition ne seroit-elle pas absolument impossible dans la pratique. Mais quelque resolu qu'on soit, on ne peut s'empêcher d'être effraïé, lorsqu'on propose d'admettre dix, vingt, trente, quarante, cinquante degrez de rameurs dans un même vaisseau. Ce seroit cependant le parti qu'il faudroit prendre, puisque les Historiens nous parlent de vaisseaux dont les rangs se trouvent multipliez jusqu'au nombre de cinquante, ou aumoins de quarente. Plin. l. 7. c. 56.

On dira peut-être qu'on pourroit s'en tenir pour les Galeres mediocres à l'hypothese des étages differens, & chercher quelqu'autre maniere d'expliquer la structure de ces machines monstrueuses à quarante & à cinquante rangs. Et c'est en effet le parti qu'ont pris quelques Auteurs; quoiqu'ils ne conviennent pas entre-eux pour la maniere d'ajuster leurs hypotheses. Mais d'autres sçavans Critiques, à qui d'ailleurs cette réponse pouvoit être d'usage, en ont senti l'inconsequence, & ont eu assez de bonne foi pour en convenir. En effet pour être convaincu que les anciens Auteurs n'ont supposé aucune difference dans la maniere dont se doivent expliquer ces rangs par rapport aux plus petits & aux plus grands vaisseaux: il n'y a qu'à faire réflexion aux noms qu'ils donnent à tous ces bâtimens, soit qu'ils les désignent par un seul mot, soit qu'ils usent pour cela de periphrase. De même qu'ils ont dit *Biremis*, *Triremis*; ils ont dit *novemremis*, *decemremis*, *undeciremis*, &c. De même qu'ils ont dit que les grands bâtimens étoient de vingt, de trente, de quarante rangs; ils ont dit que les plus petits étoient d'un, de deux, de trois rangs. Ce seroit donc vouloir imposer par une défaite puerile, que d'admettre la multiplication d'étages pour les moindres Galeres, & de la rejetter pour les plus grandes. Aussi Scaliger, Palmerius, Scheffer, Fabretti & les autres Critiques les plus judicieux, s'étant crus obligez d'admettre la multiplicité d'étages pour les Galeres à deux rangs, n'ont pas fait difficulté de l'admettre pour les Galeres à quarante & à cinquante rangs.

Il est vrai qu'ils se sont jettez par-là dans d'étranges embarras, qu'on ne sent bien, que lorsqu'on veut descendre dans le détail. Qu'on tâche donc, en gardant toutes les proportions & les regles de la Mechanique & de la Mathematique, de disposer sous le tillac d'un vaisseau ces vingt, trente, quarante, & cinquante étages de rameurs. Qu'on trouve pour eux & pour le reste de l'équipage l'espace necessaire, par rapport à la longueur & à la largeur du vaisseau. Qu'on arrange de telle sorte toutes ces rames de differente grandeur & de different poids, qu'elles ne s'embarrassent point les unes les autres: & qu'elles aïent toutes un mouvement uniforme. Qu'on trouve le moyen de faire remuer par les rameurs du quarantiéme & du cinquantiéme étage, ces rames énormes, ou pour mieux dire, ces longues poutres qu'on est obligé de leur donner; de les leur faire, dis je, remuer avec la même agilité & la même promptitude, que les rameurs des derniers rangs manient les leurs. Qu'on prennent si bien ses mesures, que ces grands bâtimens à trente, quarante, & cinquante étages, surmontez encore d'assez hautes tours, qu'on mettoit ordinairement sur les vaisseaux de guerre, aïent assez de fonds & de consistance pour n'être pas culbutez, & pour soûtenir les coups de vent & de mer les plus violens, sans en être renversez. Qu'après avoir établi son systeme & fait son arrangement, qu'on en fasse l'application à tous les faits particuliers rapportez dans les anciens Auteurs; qu'on montre que tout convient & que rien ne se dément. Si on vient à bout de tout cela, j'ose dire qu'on aura fait une espece de miracle; du moins aura-t-on executé, ce que n'ont encore pû faire ceux qui ont voulu l'entreprendre jusqu'ici. Qu'on examine ce qu'ont écrit là dessus les défenseurs les plus ingenieux de cette hypothese: on les trouvera plus heureux à renverser les suppositions de leurs propres partisans, qu'à bien établir les leurs particulieres. On les verra, après s'être donné bien des mouvemens, & avoir tourné de tous côtez, succomber enfin sous le poids des difficultez, & reconnoître l'impossibilité où ils sont de répondre à tout.

Ils ne se rendent cependant pas pour cela, prévenus & préoccupez de l'évidence apparente de quelques passages, [que nous examinerons dans la suite] & qu'ils regardent comme décisifs en leur faveur, après une assez legere défense, ils prennent le parti d'attaquer. Du reste, à la faveur d'une réponse generale, & de je ne sçai de quel lieu commun, ils prétendent qu'on n'est plus en droit d'exiger d'eux qu'ils entrent dans le détail des difficultez qui paroissent s'ensuivre d'une opinion d'ailleurs suffisamment établie. Ils disent donc, que les Anciens avoient plusieurs secrets qui se trouvent perdus aujourd'hui. Qu'ainsi il se pourroit bien faire, qu'ils eussent eu une maniere particuliere de construire leurs Galeres, & d'y disposer les rangs de rameurs, que nous ne connoissons plus parce que l'usage s'en est perdu. Cette réponse, qui en elle-même est d'un mauvais présage pour ceux qui s'en servent, est ici tout-à fait inutile. A qui persuadera-t-on que nos Architectes & nos Ingenieurs ne puissent pas trouver le secret de placer & de disposer de la maniere la plus commode plusieurs étages de rameurs, supposé que la chose soit praticable? Ce secret n'est point du nombre de ceux qui se peuvent perdre; en tout cas, il ne faudroit pour le retrouver, qu'une science & une addresse bien mediocres. Mais de ce que ce prétendu secret, qui étoit autrefois connu &

commun dans tout l'Orient & dans tout l'Occident, s'eſt tellement perdu, qu'il ne ſe trouve preſentement aucune Nation qui l'ait conſervé ; qu'il ne ſe trouve même perſonne à qui il vienne dans l'eſprit d'en faire l'eſſai ; que les Mathematiciens, les Officiers de Marine, les Pilotes le regardent comme chimerique, n'eſt-ce pas une eſpece de demonſtration, que ce ſecret n'a pas moins été un ſecret pour les Anciens, qu'il l'eſt aujourd'hui pour nous ?

Au reſte quand on parle d'étages de rames, & de rameurs, on ne prétend pas que tous les défenſeurs de ce ſyſteme placent les rameurs d'un étage ſuperieur directement & perpendiculairement ſur la tête des rameurs de l'étage inferieur. Cette diſpoſition ſuppoſeroit dans le vaiſſeau un excez de hauteur dont on voit d'abord l'impoſſibilité. Ils veulent donc, & c'eſt en particulier le ſentiment d'Iſſ. Voſſius, qui paroit avoir traité cette matiere avec le plus de préciſion mathematique, ils veulent, dis-je, que les rameurs de chaque étage ſoient éloignez les uns des autres de ſept ou huit pieds. Enſorte qu'entre deux rameurs d'un étage inferieur, deux rameurs des étages ſupérieurs ſoient placez obliquement, plus élevez les uns que les autres d'un pied & demi. Par-là ils diminuent à la verité une difficulté, mais d'un autre côté ils en font naître une nouvelle qui n'est guerre moins embarrassante. En éclaircissant si fort les rangs de chaque étage, ils les affoiblissent à proportion & perdent en nombre de rames & de rameurs par rang, ce qu'ils croïent gagner en nombre d'étages. Si les rameurs d'une Trireme, par exemple, eussent été aussi serrez que le sont les rameurs d'une de nos Galeres, toutes les rames & les rameurs des trois étages eussent pû être placez dans un seul rang aussi commodement qu'ils le sont sur nos Galeres. Et si cela est, quelle idée nous donne-t-on de la Mechanique & du bon goût des Anciens, en leur faisant quitter l'ordre naturel, & disposer par étages avec des embarras infinis, le même nombre de rameurs qu'ils pouvoient tous placer dans un seul rang? Dans cette hypothese l'Octireme de Memnon, dont nous parlerons bien-tôt, & à laquelle ils donnent cent rames en chaque rang, eût dû avoir sept ou huit cens pieds de long, ce qui est tout-à-fait absurde. La Quinquereme de Caïus eût dû en avoir près de trois cens, ſans compter les extremitez de la poupe & de la prouë, ce qui n'eſt gueres plus tolerable.

L'autre ſyſteme qui a paru juſqu'ici le ſeul qu'on puiſſe prendre, ſuppoſé qu'on rejette abſolument toute multiplicité d'étages, conſiſte à faire deſcendre tous ces rameurs élevez les uns ſur les autres, & à les ranger tous de niveau dans la longueur & dans la largeur du vaiſſeau; c'eſt-à-dire à les multiplier ſur chaque rame à proportion du nombre de rangs qu'on donne à une Galere: en ſorte que dans cette ſuppoſition, le nombre des rameurs par banc ou par rame réponde au nombre d'étages qu'on admettroit dans le ſentiment dont il vient d'être parlé. Ainſi une Galere à deux rangs, *Biremis*, ſera celle qui aura de chaque côté deux hommes par banc ſur chaque rame. Une Galere à trois rangs, *Triremis*, celle qui aura de chaque côté trois hommes par banc ſur chaque rame. Et ainſi du reſte.

Outre les autres difficultez de ce ſentiment, il y en a deux ou trois plus conſiderables. La premiere c'eſt qu'il faut quelquefois mettre ſur chaque rame juſqu'à vingt, trente, quarante & cinquante hommes. Syſteme infiniment embarrassant, par rapport à la longueur & à la largeur du vaisseau, par rapport à la situation des rameurs, soit qu'on les mette de file, soit qu'on double les rangs. La seconde difficulté, c'est qu'on ne garde point de proportion entre la grandeur des vaisseaux & le nombre des rames, non-plus qu'entre le nombre des rames & celui des rameurs. Par exemple, dans le vaisseau de Philopator, dont Plutarche & Athenée nous ont laissé la description, il y aura quatre mille rameurs, & il n'y aura que cinquante rames de chaque côté. Dans la quinquereme de l'Empereur Caius, dont parle Pline, il y aura quatre cens hommes & quarante rangs de chaque côté. Le même défaut de proportion se rencontrera dans une infinité d'autres exemples. Enfin suivant ce sentiment, on eût dû specifier les vaisseaux, & en marquer la difference par le nombre de rameurs par banc, & non pas par les rangs de rames. Cependant les Auteurs se servent constamment de ces expressions : *bini, terni, quaterni*, &c. *remorum ordines*, ou d'autres équivalentes, dont ils n'eussent pas dû se servir, si le nombre de rangs dont ils parlent, ne devoit s'entendre des rames mêmes. Il eſt vrai que Vegece, après avoir dit dans le paſſage cité ci-deſſus, *minimæ Liburnæ ſingulos habent remorum ordines, paulo majores binos, idoneæ menſuræ ternos vel quaternos*; ajoûte *interdum quinos ſortiuntur remigum gradus.* Mais il eſt évident que l'Auteur, faiſant abſtraction du nombre de rameurs attachez à chaque rame, n'entend par le mot *remigum* que ce qu'il avoit entendu auparavant par celui de *remorum.* Comme il n'y a point de rame ſans rameur, il lui étoit indifferent de ſe ſervir du mot *remigum*, qui ne pouvoit plus faire d'équivoque; & quand il ne pourroit y avoir qu'un homme ſur chaque rame, il auroit pû s'exprimer comme il a fait, ſans inconvenient.

Voilà une partie des difficultez qui ſe rencontrent dans les deux ſentimens qui ont parû juſqu'ici partager la plûpart des ſuffrages. Et il faut avoüer qu'il a été plus facile de les combattre ou même de les détruire, qu'il ne l'eſt peut-être d'en établir ſolidement un autre ſur leurs ruines. Cependant comme la combinaiſon & l'arrangement doivent avoir ici la meilleure part, il peut arriver que ſans beaucoup de lumiere & de capacité, la reflexion ou le hazard fournissent quelque vûë & mette la chose en un certain jour, d'où dépende la solution de cette espece d'énigme. Nous oserons donc proposer à nôtre tour une conjecture qui nous a parû plus plausible & sujette à moins d'embarras que les systemes précedens. Elle se développera & se prouvera d'elle-même suffisamment par l'exposition que nous allons faire de certains faits & de passages d'Auteurs, d'où dépend la décision du procez.

Qu'on se souvienne donc que les vaisseaux appellez *Biremes*, *Triremes* étoient des vaisseaux de guerre. *Naves longæ, Liburnicæ, constratæ, rostratæ, cataphractæ* &c. Leur construction étoit toute autre que celle des autres bâtimens. Quoiqu'ils allassent à la voile & à la rame, en quoi ils differoient encore des vaisseaux de charge nommez *naves onerariæ*, qui n'alloient gueres qu'à la voile, cependant dans un combat ils faisoient sans comparaison moins d'usage de la voile que de la rame. De la maniere dont les Anciens se battoient sur mer avant l'invention du canon & des armes à feu, tout le succez dépendoit presque de l'exercice de la rame. Il falloit s'approcher de près, s'accrocher les uns les autres, & faire ferme sur son bord comme dans un champ de bataille; il falloit manier son vaisseau avec la même dexterité qu'un cavalier manie son cheval; ce qui dépendoit particulierement de l'adresse & de l'habileté des rameurs. Il n'est donc pas surprenant que les Anciens aïent désigné leurs vaisseaux de guerre par le nombre ou par la disposition des rames.

Il y avoit à la poupe un plancher élevé, qui vrai-semblablement occupoit la plus grande partie du vaisseau entre la poupe & le mast du milieu. Ce plancher se nommoit κατάστρωμα. Dans les commencemens de la navigation il n'y en avoit qu'à la poupe & à la prouë, ainsi que Thucidide & Pline l'ont remarqué, & c'est à cette partie du vaisseau que le mot κατάστρωμα a d'abord été particulierement affecté. Dans la suite quoique le plancher fût ordinairement continué dans toute la longueur des grands vaisseaux, cependant les Uniremes, Biremes, Triremes, n'en avoient souvent qu'aux deux bouts, comme il paroît par plusieurs passages de Polybe, de Cesar, de Tite-Live, de Diodore de Sicile. C'étoit là qu'étoient & que combattoient les soldats pour la plûpart, καταστρώματα τῆς νεὼς μέρος ἐν ᾧ ἑστῶτες ναυμαχοῦσιν. Hesych. τοὺς ἀπὸ τοῦ καταστρώματος μαχομένους. Plutar. &c. Il y avoit souvent sur ce plancher d'autres étages & en particulier la chambre du Capitaine. Quelquefois même on y élevoit des tours. Cette partie étant la plus élevée & la plus honorable, étoit regardée comme le haut bout du vaisseau, ἀπὸ τοῦ καταστρώματος ανωθεν τῆς νεὼς. Plutarch. où il faut remarquer que καταστρώματος ne signifie autre chose que l'estrade qui étoit à la poupe. ἐκτὸς τῶν ἄνω ἐλατῶν ὅσοι ἂν εἰσὶν ἀπὸ τοῦ κεντάρχου καὶ ἐφεξῆς ἕως τοῦ ἐσχάτου. Leon Tact. *Outre les rameurs d'enhaut, tous ceux qui sont depuis le Capitaine jusqu'au dernier.* Ces mots *depuis le Capitaine* signifient depuis la chambre du Capitaine qui étoit sur la poupe. τοῦ κεντάρχου κράββατος ἐπὶ πρύμνης γινέσθω. id. τὰ τοῦ κυβερνήτου στρώματα ἐπὶ καταστρώματος ὑποστρεύεσθαι. Theophr. τοῦ καταστρώματος ἤτοι τὸ ἐν τῇ πρύμνῃ μέρος ἔνθα ὁ τοῦ κυβερνήτου τόπος. Eustat. Par où on voit que κατάστρωμα & πρύμνη se prennent indifferemment pour marquer la poupe. Quand le plancher étoit continué dans toute la longueur du vaisseau il étoit toûjours plus elevé à la poupe. Quand même

même on supposeroit que dans les plus grands vaisseaux les rameurs eussent un pont au-dessus d'eux, cela ne changeroit rien ni à l'élevation de cet estrade de la poupe, ni à la situation des rameurs qui se trouvoient à cet endroit & qui étoient toûjours un peu plus élevez que les autres,

C'est sur ce plancher superieur qu'étoient placez les bancs appellez θράνοι, où étoient assis les rameurs appellez aussi *Thranites*, τὸ δὲ περὶ τὸ κατάστρωμα θράνος. ὅ οἱ θρανῖται. Pollux. C'est à la poupe que Eustathe met la place des Thranites, θράνιον. ἄφλαστον, τὸ ἐπὶ πρύμνης ἀνατετάμενον εἰς ὕψος ·· κρεμάννυται δὲ ἐκ τῶν κανονίων καὶ τοῦ θρανίου ταινία εἰς παράσημον τῆς νηός. L'Auteur parle des ornemens, comme des flames & des banderoles, qu'on mettoit à la poupe. Aussi le Scholiaste d'Aristophane & Suidas placent-ils les Thranites à la poupe. Ils disent de même, qu'ils étoient au haut du vaisseau; en quoi il est étonnant que quelques Auteurs trouvent de la contradiction. Voici les paroles du Scholiaste, ἦσαν δὲ τρεῖς τάξεις τῶν ἐρετῶν. καὶ ἡ μὲν κάτω, θαλαμῖται· ἡ δὲ μέση, ζυγῖται· ἡ δὲ ἄνω, θρανῖται. θρανίτης οὖν ὁ πρὸς τὴν πρύμναν· ζυγίτης, ὁ μέσος· θαλαμίτης, ὁ πρὸς πρῶραν. *Il y a*, dit-il, *trois ordres de rameurs; les Thalamites au bas du vaisseau, les Zygites au milieu, & les Thranites en haut.* Puis il ajoute comme une consequence necessaire, *les Thranites sont donc à la poupe, les Zygites au milieu, les Thalamites à la prouë.* C'est sur la premiere partie de ce passage que les défenseurs des rangs à étages ont principalement bâti leur systeme, mais comme la seconde partie le renverse de fond en comble, il leur a plû de s'inscrire en faux, & de la faire passer pour un lambeau mal assorti, ajoûté à l'ancien Scholiaste par un compilateur ignorant. Prétention frivole, s'il en fut jamais, destituée de toute preuve, & qui n'a pour appui qu'une prétenduë contradiction fondée sur l'explication qu'il leur plaît de donner aux paroles précedentes, contre le veritable sens de leur Auteur. Ce passage, tel que nous l'avons rapporté, est tout entier dans l'édition d'Alde Manuce de 1498. où l'on ne trouve que les anciennes scholies publiées par Marc Musurus, sans alteration & sans mélange de toutes les additions qu'on y a faites dans les éditions posterieures. Aussi M. Kuster qui nous a donné une fort belle édition d'Aristophane, quoiqu'il fût partisant du systeme de ces Messieurs, n'a cependant pas osé mettre en cet endroit du Scholiaste la marque qu'il met aux autres endroits qu'on doit regarder comme supposez. Ce ton décisif, cette censure hautaine n'appartenoit qu'au grand Scaliger; & son autorité, sans autre examen, a entraîné dans la suite les suffrages d'une infinité d'autres Ecrivains. Suidas n'étoit pas si clair-voïant. Il n'a point fait de difficulté de joindre ensemble les deux définitions du Commentateur Grec. On peut le consulter sur les mots de *Thranites* & de *Thalamites*. Ces Grammairiens qui n'ignoroient apparemment pas la structure des anciens bâtimens, ont-ils été assez stupides pour nous en faire deux descriptions qui se combattent mutuellement? S'ils l'ont ignoré ou s'ils se sont trompez, y a-t-il de la bonne foi à vouloir établir sur une partie de leurs paroles une hypothese, que l'autre partie détruit visiblement?

Mais nous sommes en état de produire, s'il le faut, un témoin plus respectable. Examinons ce passage d'Homere : ἀλλ' ἀνεχάζετο τυτθὸν, ὀϊόμενος θανέεσθαι, Θρῆνυν ἐφ' ἑπταπόδην. Iliad. O. v. 728. 729. *Sed recedebat paululum, putans se moriturum esse, ad transtrum septempedale.* Homere raconte qu'Hector aïant atteint la poupe d'un vaisseau, & la tenant déja de la main; Ajax qui combattoit sur la poupe de ce vaisseau, ἴκρια νηὸς ἐΐσης [Homer.ibid.] [ἴκρια δὲ τοῦ καταστρώματος τὸ ἐν τῇ πρύμνῃ μέρος Eust.] Ajax, dis-je, se trouvant accablé par la multitude, fut obligé de se retirer tant soit peu, & de se poster ἐπὶ θρήνυν, d'où il continua à combattre, afin d'empêcher Hector & ses compagnons de monter sur le vaisseau, & d'y mettre le feu. Surquoi l'ancien Scholiaste qui porte le nom de Dydime, fait ce commentaire : βέλτιον δὲ θρῆνυν καλεῖσθαι ὑπὸ Ὁμήρου τὰς καθέδρας τῶν ἐρετῶν. τινὲς δὲ, τόπον τῆς νεὼς βάσιν ἔχοντα ἐφ' οὗ τὸν κυβερνήτην τοὺς πόδας τιθέναι. Eustathe de son côté s'exprime de la sorte, θρῆνυν λέγει νῦν ἀρσενικῶς ἢ τὴν καθέδραν τοῦ κυβερνήτου, ἢ τὴν τῶν κωπηλατῶν ἣν καὶ αὐτὴν Ἀττικοὶ θρᾶνον καλοῦσιν. ὅθεν καὶ θρανίτης ὁ κωπηλάτης. Ajoûtons à ces passages ce bout de vers d'Homere Odyss. N. v. 21. αὐτὸς ἰὼν διὰ νηὸς ὑπὸ ζυγά. Surquoi l'ancien Scholiaste dit que ὑπὸ ζυγὰ signifie ὑπὸ τὰς καθέδρας τῶν ἐρετῶν, Voila donc dès le tems de la guerre de Troye un endroit appellé *Thranus* à la poupe du vaisseau, où le Commandant avoit sa place ; là il y avoit des sieges de rameurs, & c'est de-là que ces rameurs s'appelloient Thranites. Selon le même Homere & son Scholiaste il y avoit d'autres bancs nommez *Zyga* au-dessus du font de cale, c'est-à dire vers la partie le plus large du vaisseau, & par consequent au milieu de la longeur du vaisseau ; les rameurs de ces bancs se nommoient aussi Zygites. Il y avoit donc dès ce tems-là des Thranites & des Zygites, [nous verrons bien-tôt qu'il y avoit aussi des Thalamites] les premiers, vers la poupe, les autres au milieu du vaisseau. Et comment auroient-ils pû être placez autrement puisque de l'aveu même de nos Adversaires, il n'y avoit point alors de bâtimens à étage ? Thucidide l. 1. nous apprend qu'on n'avoit point encore l'usage des vaisseaux de guerre appellez Triremes, qui étoient même fort rares dans les siecles bien posterieurs ; qu'il n'y avoit point dans ce tems-là de navires *constratæ*, c'est-à-dire qui eussent un pont dans toute leur longueur ; que sur les vaisseaux de Philoctete un des plus fameux Capitaines des Grecs, il n'y avoit que cinquante hommes qui faisoient tout à la fois fonction de soldats & de rameurs. Que sur les plus grands vaisseaux il n'y avoit en tout que cent vingt tant rameurs que soldats ; en un mot que leurs bâtimens n'étoient que de fort petits Brigantins, πλοῖα τῷ παλαιῷ τρόπῳ λῃστικώτερον παρεσκευασμένα. Thucid. ibid.

Au reste on conçoit aisément que cette partie du vaisseau étant la plus élevee, la partie exterieure des rames qui y'étoient, devoit être aussi plus longue ; & que les rameurs devoient par consequent fatiguer davantage, c'est pourquoi leur paye étoit plus grande. Thucidide & son Commentateur en font foi : θρανῖται, οἱ μετὰ μακροτέρων κωπῶν ἐρέττοντες πλείονα κόπον ἔχουσι τῶν ἄλλων· διὰ τοῦτο τούτοις μόνοις ἀπόδοσεις ἐποιοῦντο τριηράρχαι.

Vers le milieu du vaisseau étoient les Zygites, en qui consistoit la plus grande force de la chiourme. Leurs bancs s'appelloient proprement *Juga* ζυγά. τὰ μέσα τῆς νεὼς ζυγά. Pollux. Ces bancs servoient non seulement à asseoir les *Zygites*, mais à joindre & à affermir les côtes du vaisseau & à les empêcher de se separer. Aristote appelle ces rameurs μεσόνεοι,& fait voir que leurs rames étant placées à l'endroit le plus large du vaisseau, & pouvant avoir plus de longitude interieure, ils avoient plus de force pour faire avancer le vaisseau. Arist. Q. Mech. c. 5. C'est aussi ce que veut remarquer Galien lorsqu'il dit l. 1. *de usu part. c.* 24. que, quoique l'extremité des rangs soit égale, εἰς ἴσον ἐξικνεῖται, c'est-à-dire quoiqu'elles frappent toutes l'eau sur une même ligne, cependant elles sont inégales ; celles du milieu du vaisseau étant plus longues, ce qui se doit entendre de la partie interieure de la rame. Ce que disent les Auteurs que les Zygites sont au milieu du vaisseau, ζυγίτης ὁ καθήμενος ἐν τῇ νηὶ μέσος, ne peut donc être pris que pour le milieu entre la poupe & la prouë, & on ne conçoit pas comment on a pû l'entendre autrement. Quand on parle du milieu d'un vaisseau ce ne peut être que par rapport à sa longueur. C'est ainsi qu'on dit que le mast est au milieu du vaisseau, κατὰ μέσον ἱστὸς ; on dit de même μέσοδμην περὶ τὸ ἐν μέσῳ τῆς νηὸς δεδομῆσθαι : Schol. Hom. ἱστοπέδη ὁ ἐν μέσῳ τῆς νεὼς κοῖλος τόπος : Ammon. Dans le systeme des differens étages on ne pourroit pas dire que les Zygites fussent au milieu du vaisseau même par rapport à la hauteur, puisqu'ils seroient sans comparaison plus près du pont que du fond de cale. On devroit dire seulement qu'ils sont au milieu des rameurs.

Les personnes qui ne servoient pas à la manœuvre du vaisseau étoient placez sous les bancs des Zygites selon Athenée. Ce qui est aisé à comprendre dans nôtre sentiment; au lieu que suivant l'autre explication on eût dû les placer sous les Thalamites. ὑπὸ τὰ ζύγια πλῆθος ἀνθρώπων ἔτεμον ὐκ ὀλίγον, Athen. l. 5. p. 208. C'est la place que leur avoit donné Homere dans le vers que nous avons déja cité, Odyss. N v. 21. Le Poëte fait aller à cet endroit une personne, afin de ne point embarrasser ni troubler les rameurs dans leur exercice. Il dit ailleurs qu'Ulysse ayant fait lier quelques-uns de ses Compagnons qui après avoir mangé du Lotus vouloient rester avec les Lotophages, & les ayant fait embarquer malgré eux, il les plaça sous les bancs appellez ζυγὰ. νηυσὶ δ' ἐνὶ γλαφυρῇσιν ὑπὸ ζυγὰ δῆσα ἐρύσας. Odyss. I. v. 99.

La partie du vaisseau vers la prouë étoit la plus basse & la plus étroite, comme elle l'est aujourd'hui à nos Galeres. Les anciens avoient un interêt particulier à ce que la chose fût ainsi.

La

La plus grande force de leurs vaisseaux de guerre consistoit dans la force & dans l'usage de l'éperon, dont ils se servoient pour frapper & pour entr'ouvrir les vaisseaux ennemis. Pour cela il falloit les frapper à fleur d'eau; & par consequent plus la prouë étoit basse, plus ils avoient d'avantage sur l'ennemi. Ce fut le conseil que donna un certain Ariston, *ut proras navium breviores facerent & depressiores .... quod magno in conflictibus deinde ad victoriam usui fuit..... Naves instructæ proris firmis & depressis uno sæpe ictu hostium Triremes deprimebant.* Diod. Sic. l. 13.

Il y avoit ordinairement un château de prouë, où l'on plaçoit quelquefois des machines & des soldats, autant que l'espace du lieu le pouvoit permettre. Le dessous de ce château de prouë s'appelloit *Thalamus*, c'est-à-dire *interius cubiculum*, d'où les rameurs de cet endroit prenoient le nom de Thalamites. καλοῖτο δ' ἂν καὶ θάλαμος, οὗ οἱ θαλάμιοι ἐρέττουσι. Pollux. κυρίως ἡ κάτω τῆς νεὼς τρώγλη θαλάμια λέγεται. Schol. Aristoph. *proprement l'enfoncement qui est au bas du vaisseau s'appelle Thalamia*, où l'on voit κάτω τῆς νεὼς opposé à cette autre expression, ἄνω τῆς νεὼς que nous avons vû signifier le haut du vaisseau du côté de la poupe. C'est donc par rapport à cette situation que les Auteurs mettent les Thalamites au bas du vaisseau *κάτω*. De cette situation dépend l'intelligence d'une expression comique d'Aristophane: *νὴ τὸν Ἀπόλλω καὶ προσπαρδεῖν γ' εἰς τὸ στόμα τῷ θαλάμακι, καὶ μινθῶσαι τὸν ξύσσιτον.* Le Thalamite placé derriere le dernier Zygite & un peu moins élevé que lui, pouvoit en recevoir l'insulte dont parle le Poëte. Il est aisé de concevoir comment les rames des Thalamites devoient être plus courtes que les autres; non seulement parce qu'ils étoient plus bas, mais encore parce que cette partie du vaisseau étant plus étroite, ils étoient obligez de se tenir plus serrez contre les bords du vaisseau. Comme ils fatiguoient moins, leur païe étoit aussi moins considerable. *οἱ δὲ θαλάμακες ὀλίγον ἐλάμβανον μισθόν. διὰ τὸ κολοβαῖς χρῆσθαι κώπαις .... ὅτι μᾶλλον ἐγγὺς εἰσὶ τοῦ ὕδατος.* Schol. Aristoph. Pollux appelle les bancs sur lesquels étoient placez les rameurs de la prouë, *ἑδώλια. ἔστι δέ τι ἑδώλιον πρωρευτικὸν, ἐφ' οὗ κάθηνται.* Et ce mot, qui est un diminutif d'*ἕδος*, nous marque que leurs sieges étoient inferieurs à ceux des autres rameurs.

Dans une Tragedie d'Eschile, le chœur aïant fait des reproches à Egiste sur l'assassinat d'Agamemnon. Egiste lui répond en ces termes : σὺ ταῦτα φωνεῖς νερτέρᾳ προσήμενος κώπῃ, κρατούντων τῶν ἐπὶ ζυγῷ δορός. Æschyl. Agamemn. v. 1226. 1227. *Tune hac profers inferiori assidens remo, dum ii qui in transtro sunt rerum potiuntur.* Voici l'explication que donne le Scholiaste de ces paroles : [νερτέρᾳ προσήμενος] ὑποδεεστέρᾳ καθέδρᾳ ὤν. οἱ γὰρ ζυγοὶ τῶν θαλαμίων ἄνωθέν εἰσιν. Cette réponse sentencieuse dans la bouche d'Egiste, que le Poëte a dû faire parler selon la disposition où étoient les choses de son tems ; cette réponse, dis-je, suppose évidemment, comme le remarque le Scholiaste, qu'il y avoit dès le tems de la guerre de Troye, des rangs de rameurs, les uns appellez Zygites, ἐπὶ ζυγῷ, les autres Thalamites, moins élevez que leurs compagnons, νερτέρᾳ προσήμενοι κώπῃ. Or ces degrez ne se peuvent prendre pour des étages, qu'on reconnoît generalement n'avoir point été en usage dans ces tems-là. Ils ne peuvent donc s'entendre que par rapport à la differente situation que gardoient entr'eux les rameurs qui étoient ou à la poupe, ou au milieu, ou à la prouë du vaisseau.

Supposé cette situation, on comprend aisément ce que dit Appien, qu'un vaisseau aïant été frappé sous la proüe, & s'étant entr'ouvert du coup en cet endroit, les Thalamites furent noïez, & que les autres rameurs eûrent le tems de se jetter hors du vaisseau : τὸ κατάστρωμα ἀναῤῥήξαντες, *perfracta contabulatione*. Les rameurs du côté de la poupe forcerent le plancher qui les couvroit, & sur lequel on avoit élevé des tours qui furent culbutées du coup. Appien venoit de dire que tous les vaisseaux de cette Flotte avoient des tours à la poupe & à la proüe.

Otez au contraire cette situation, vous ne comprenez plus rien à ce que raconte Polybe, qu'un petit vaisseau *Triremiola* aïant donné violemment de l'éperon dans le flanc de la *Decemreme* de Philippe, sous le banc des Thranites, elle y demeura attachée, & rendit la Decemreme inutile. ὑποπεσούσης γὰρ αὐτῇ τριημιολίας, ταύτῃ δ' οὔσῃ πληγὴν βιαίαν κατὰ μέσον τὸ κύτος ὑπὸ τὸν θρανίτην σκαλμὸν ἐδέθη. L. 16. Si les rameurs eussent été disposez par étages, la Decemreme eût été frappée sous le banç des Thalamites ; étant impossible que l'éperon d'un aussi petit vaisseau pût la frapper ailleurs que sous l'eau, ou à fleur d'eau, puisque deux Quinqueremes qui la choquerent ensuite, la percerent sous l'eau, & la firent couler à fond. Suivant nôtre explication tout se fait & s'explique naturellement. Aussi Polienus dit-il que dans ce choc de vaisseaux on tâchoit de donner dans le flanc du côté de la poupe, sous le banc des Thranites : τὴν ἐμβολὴν εἶναι κατὰ τοὺς πρώτους θρανίτας. Si les Thranites eussent été guindez au haut du vaisseau, les coups qu'on eût porté à cet endroit n'eussent pas fait grand mal au vaisseau, du moins n'eussent-ils pû le submerger. En vain nous objecte-t-on, que si Polybe avoit crû les Thranites placez du côté de la poupe, il n'auroit pas dû dire que le vaisseau fut frappé au milieu du flanc, mais sous la poupe. Cette objection n'est fondée que sur ce qu'on ne prend pas comme il faut le sens de ces paroles, ὑπὸ τὸ θρανίτην σκαλμὸν, qui signifient que le vaisseau fut percé au-dessous ou en deçà du banc des Thranites du côté des Zygites, où étoit justement l'endroit le plus large du vaisseau : μέσον τὸ κύτος.

Au reste, à l'extrémité de la prouë, aussi bien qu'à l'extrémité de la poupe, il y avoit un espace où il ne se trouvoit point de rameurs. Cet espace s'appelloit παρεξειρεσία· καθ' ὃ μέρος οὐκ ἔτι κῶπαι κέχρηνται. ἔστι δὲ τοῦτο ἀκρότατον τῆς πρύμνης καὶ τῆς πρώρας· C'est à cette extrémité de la poupe, comme nous l'avons vû, qu'Ajax combattoit lorsqu'il fut contraint de se poster sur le banc appellé θρῆνυς, où commençoit la file de rameurs disposez presque de niveau & sur la même ligne dans la longueur des petits bâtimens de ce tems-là.

Nous avons trouvé jusqu'ici trois partages ou trois bandes de rameurs : τρεῖς τάξεις. Schol. Aristoph. dont les Anciens font mention, & il ne paroît point qu'ils en aïent jamais admis ni plus ni moins. τρόποι ὧν πρῶτος, καὶ δεύτερος, καὶ θαλάμιος. Pollux. Où il faut remarquer que Pollux place ces trois rangs de rames ou de rameurs dans la longueur du vaisseau. οἱ δὲ περὶ τὴν στεῖραν. [ou comme lit If. Vossius : ὑπὲρ δὲ τὴν στεῖραν] ἑκατέρωθεν παρατεινόμενοι τροποί, πρῶτος, καὶ δεύτερος, καὶ θαλάμιος. C'est aux partisans des differens étages à nous faire voir comment ils trouvent dans les Uniremes & dans les Biremes, des Thranites, des Zygites, des Thalamites. Et s'ils ne les y trouvent pas, à nous apprendre au moins ausquelles de ces bandes ils rapportent les rameurs de ces bâtimens. C'est à eux encore à nous marquer la maniere de partager en trois bandes les rameurs des Quadriremes, Quinqueremes, & autres plus grands vaisseaux.

Ce partage loin de nous embarrasser, nous a fourni une nouvelle maniere d'expliquer plus commodement peut-être que dans tout autre systeme, ce que c'étoit que les *Uniremes*, *Biremes*, *Triremes*, *Quadriremes*, &c. La voici.

Les Uniremes n'avoient de chaque côté qu'un banc de Thranites, un de Zygites, un de Thalamites. *Quæ simplici ordine agebantur.* Tacit. Hist. l. 5. c. 23. *Minimæ Liburnæ remorum habent singulos ordines* Veget. l. 5. c. 7. Des rangs de rames isolez, une rame par banc, ou une seule dans chaque ordre. Il pouvoit cependant y avoir cinq à six hommes ou même davantage sur chaque rame; ce qui feroit au moins quinze rameurs de chaque côté. On sera peut-être surpris que nous ne donnions en tout que six rames aux Uniremes; quoiqu'il soit constant que des esquifs & des chaloupes legeres, avoient quelquefois jusqu'à dix, vingt, & vingt-cinq rames de chaque côté: *Scaphæ quæ vicenos prope remiges in singulis partibus habent.* Veget. l. 5. c. 7. ἡ τριακόντορος, ἡ ὑπὸ τριάκοντα ἐρεσσομένη. Schol. Thucid. ἡ τριακόντορος, καὶ πεντηκόντορος λέγεται κατὰ τὸ πλῆθος τῶν κώπων. Schol. Æliani. Mais deux ou trois reflexions doivent faire cesser la surprise. Premierement les Uniremes & même les Biremes étoient les moindres vaisseaux de guerre dans une Flotte, & ordinairement en assez petit nombre, comme il paroît par les Auteurs, qui dans les énumerations qu'ils donnent, n'y font gueres entrer en ligne de compte les Uniremes ni les Biremes, se contentant de les renfermer sous le nom generique de petits bâtimens qui suivoient le gros de la Flotte. Les vaisseaux qui composoient proprement une Armée navale, & qui répondoient à nos vaisseaux de ligne, c'étoit les Triremes, Quadriremes, Quinqueremes, *&c.* En second lieu, qu'on fasse attention qu'il pouvoir y avoir sur les six rames des Uniremes trente ou quarante rameurs, & par consequent autant & plus que sur les barques qui n'avoient qu'un homme sur chaque rame. Outre que ce n'est pas le nombre de rames, mais la structure & la grandeur qui mettent la difference entre un vaisseau de guerre & un autre bâtiment. Qu'on place autant de rames sur un esquif que sur une de nos Galeres, il ne sera cependant ni de même force ni de même usage. Enfin ces chaloupes legeres n'étant faites que pour la course, & tout leur prix ne consistant que dans leur legereté, n'aïant point d'ailleurs d'autre embarras, on n'en doit tirer aucune consequence par rapport aux vaisseaux de guerre qui devoient avoir d'autres usages, & dont l'équipage étoit tout autre. On appelloit ces chaloupes legeres *præcursoriæ*, *nuntiæ*, *exploratoriæ*, *leves & fugaces*, & elles devoient passer en vitesse & en agilité non seulement les Uniremes, mais tous les plus grands vaisseaux de la Flotte, à qui on donnoit le nom de *gravis & martia classis.* Flor. l. 3. c. 6.

Les Biremes avoient deux rames par rang, six de chaque côté, ce qui faisoit à cinq hommes par rame, trente rameurs de chaque côté, *binos sortiuntur remigum gradus* ou *ordines.* Veget. *ordine contentæ gemino crevisse Liburnæ.* Lucan.

Les Triremes avoient trois rames à chaque rang; neuf de chaque côté, avec quarante-cinq rameurs, à cinq hommes par rame. *ternos sortiuntur ordines* Veget. *Triremis ternos remorum ordines habet.* Ascon. *Triplici pubes quam Dardana versu impellunt, terno consurgunt ordine remi.* Suivant cette explication il n'y a point de Tautologie dans les paroles de Virgile : *pubes Dardana triplici versu*, ce sont les files de rameurs rangez en trois fois trois files sur les neuf rames. Et c'est-là la signification du mot *versus.* Par ces paroles, *terno consurgunt ordine remi*, est exprimé le nombre des rames disposées trois à trois à chaque rang ; un rang vers la poupe, un au milieu, un troisiéme vers la prouë.

La Quadrireme avoit quatre rames à chaque rang, douze de chaque côté, avec peut être soixante rameurs : *Habet quaternos remorum ordines.* Veget. *Quater surgens extructi remigis ordo commovet.* Lucan. Et ainsi des autres. *A Triremibus ad senos, à senis ad novenos remorum ordines.* Flor. *Bis ternis ratis ordinibus grassata per undas.* Silius. *Celsior at cunctis Bruti Prætoria puppis verberibus senis agitur.* Lucan. *Senis ductor Rhæteius ibat pulsibus.* Stat.

Il faut remarquer ces expressions dont se servent si constamment les Auteurs :

Ordines singuli, gemini, bini, terni, quaterni, quini, seni, bis terni, noveni, &c. Ce qui dénote multiplicité de rangs, & nombre de rames multiplié en chaque rang aux deux bords du vaisseau en nombre égal d'un, de deux, de trois, de quatre, *&c.*

Ciceron parlant d'un vaisseau Corsaire, *Myoparo*, s'exprime de la sorte : *Navigium quod erat factum sex remorum numero*, in Verr. Act. 7. De cette expression assez singuliere, Baif a conclu que ce vaisseau étoit une Hexere, c'est-à-dire un de ces grands vaisseaux à six rangs de rames, *sex remorum ordinibus.* Mais Scheffer a eu raison de rejetter ce sentiment, étant certain que ces sortes de bâtimens de Pirates, πλοῖα λῃστρικὰ, n'étoient ordinairement que de doubles chaloupes, fort inferieurs aux moindres vaisseaux de guerre. Et cela paroît par ce que dit Ciceron lui-même, qu'une Quadrireme paroissoit comme une ville, au milieu d'une Flotte de bâtimens Corsaires. *Erat illa*, [*Centuripina Quadriremis*] *navis constrata, & ita magna, ut si in prædonum turba versaretur, urbis instar habere inter illos Piraticos Myoparones videretur.* Il ne s'ensuit cependant pas, comme le prétend

Scheffer, que ce vaisseau n'eût que six rameurs. Cela ne s'accorderoit pas avec le dessein de Ciceron, qui par cette expression *sex remorum numero*, a voulu marquer la grandeur du bâtiment & la multitude des personnes qui étoient dessus. C'étoit donc un petit Brigantin, qui tenoit le milieu entre les simples barques & les vaisseaux de guerre. ; semblable à ceux dont Appien dit qu'Octavie fit present à Auguste. ἐδωρήσατο δὲ καὶ Ὀκταβία τὸν ἀδελφὸν δέκα φασήλοις τριηρητικοῖς ἢ μικτοῖς ἔκ τε φορτίδων νεῶν καὶ μακρῶν. *Octavia decem Phaselos Triereticos fratri dono misit, id est mixtos ex longarum formâ & onerariarum.* Ces vaisseaux qu'Appien appelle *Phaselos*, sont appellez par Plutarque μυοπάρωνας. Et il est tres probable qu'ils n'avoient qu'un rang de rames, en quoi ils differoient des vaisseaux de guerre ; mais ils avoient en recompense plusieurs rameurs sur chaque rame, ce qui les distinguoit des simples barques.

Dans l'hypothese que nous venons de proposer on explique plus aisément que dans toute autre, ce qu'on lit dans les Anciens touchant leurs vaisseaux.

Les plus grands vaisseaux de guerre ordinaires ne passoient gueres les Decemremes. Or ces derniers avoient trente rames de chaque côté, ce qui revient assez aux Galeasses ou grosses Galeres qu'on voit encore sur la Mediterranée, & qui ont sept ou huit forçats sur chaque rame, dont cinq ou six sont assis, & les autres qui sont les plus proches de l'extremité de la rame se tiennent debout. Les Galeasses cependant, aussi-bien que nos Galeres, sont en plusieurs choses bien differentes des anciens bâtimens.

Polybe rapporte que par un traité que conclut Publius entre les Romains & les Carthaginois, ceux-ci ne pouvoient avoir plus de dix Triremes, & qu'il leur étoit défendu d'avoir aucun vaisseau de plus de dix bancs, ὧν οὐδὲν ἢ δεκασκάλμου μεῖζον. ce qui revient parfaitement à nôtre explication, selon laquelle les Triremes, qui étoient les plus grands vaisseaux de ceux qu'on permettoit aux Carthaginois, n'avoient que neuf bancs & neuf rames de chaque côté.

Le même Polybe rapporte que par un traité fait entre les Romains & Antiochus, il fut reglé que celui-ci ne pourroit avoir que dix vaisseaux de guerre, & qu'il n'en pourroit avoir qui eût jusqu'à trente rames : μηκέτι ἐχέτω πλὴν δέκα καταφράκτων. μηδὲ τριακοντάκωπον ἐχέτω ἐλαυνόμενον Polyb. Excerpt. Legat. xxxv. Ce que Tite-Live a ainsi rendu : *Neve plures quam decem naves actuarias, nulla quarum plus quam triginta remis agatur.* l. 38. c. 38. C'est-à-dire qu'il lui étoit défendu d'avoir de plus grands vaisseaux que des Quadriremes qui portoient vingt-quatre rames, ou tout au plus des Quinqueremes qui en avoient trente. Je sçai que ces passages de Polybe & de T. Live ont fait de la peine à quelques Critiques. Mais l'explication que nous leur donnons & qui suit naturellement de nôtre systeme, se presente comme d'elle-même & ne laisse aucun embarras.

Il semble que Polybe mette ordinairement sur les Quinqueremes trois cens rameurs, ce qui donneroit dix rameurs à chaque rame. Mais il faut remarquer que sous le mot de rameurs Polybe comprend tous les matelots, tant ceux qui ramoient, que ceux qui servoient à la manœuvre du vaisseau. *Erant omnino in hac classe ad centum quadraginta millia, unâ quâque navi remiges capiente trecenos, propugnatores vero centenos vicenos.* καὶ τὸ μὲν σύμπαν ἦν στράτευμα τούτων δὲ ναυτικῆς δυνάμεως περὶ τέττερας, καὶ δέκα μυριάδας. ὡς ἂν ἑκάστης νεὼς λαμβανούσης ἐρέτας μὲν τριακοσίους, ἐπιβάτας δ' ἑκατὸν εἴκοσι. li. 1. Les vaiſſeaux étoient Quinqueremes au nombre de trois cens trente. Si ſous le nom de rameurs on ne comprenoit tous les matelots, le nombre d'hommes qui étoit ſur la Flotte, στράτευμα, monteroit plus haut que Polybe ne le ſuppoſe, d'autant plus qu'il y avoit quelque Hexeres, (comme les deux que montoient les Commandans) qui demandoient plus d'équipage. Ainſi on peut reduire les rameurs de ces Quinqueremes à ſix ou ſept par banc.

Pauſanias décrit ainſi un vaiſſeau le plus grand qu'il eût jamais vû : πλοῖον καθῆκον εἰς ἐννέα ἐρέτας ἀπὸ τῶν καταστρωμάτων. Pauſ. in Attic. Comme Palmerius & Fabretti trouvent mauvaiſe cette verſion latine d'Amaſæus, *è foris ejus novenis eminent remigibus tranſtra.* Je reçois tres volontiers cette autre interpretation qu'ils nous donnent, & qui eſt en effet plus litterale ; *Navis à cataſtromate deſcendens uſque ad novem remigum ordines.* Ce qui ſignifie conformément à nôtre hypotheſe, que tous les rangs de ce vaiſſeau depuis le plus élevé vers la poupe, avoient chacun jusqu'à neuf rames : il étoit *novemremis, novrenis remorum ordinibus.*

On cite un Auteur anonyme qui se trouve à la fin des Tactiques d'Elien, & que quelques-uns appellent son Scholiaste. Comme je n'ai pû trouver l'Auteur pour le consulter, je suppose la citation juste : ἡ τριακόντορος καὶ τεσσαρακόντορος, καὶ πεντηκόντορος λέγεται κατὰ πλῆθος τῶν κώπων· ἡ μονήρης καὶ διήρης καὶ ἐφεξῆς κατὰ τοὺς στίχους τοὺς κατὰ τὸ ὕψος ἐπ' ἀλλήλοις. Voilà, s'écrient nos adversaires un passage décisif en faveur du systeme des étages. Voilà des rangs de rameurs disposez selon la hauteur & mis les uns sur les autres. Je ne sçai si la prévention m'aveugle, mais en supposant même que κατὰ τὸ ὕψος doit se rapporter à στίχοις, je ne vois rien qui ne s'accorde fort bien avec le systeme que j'ai tâché d'établir. Si dans les vaisseaux de guerre les Thranites sont placez vers la poupe, un peu élevez au-dessus des Zygites qui sont au milieu du vaisseau, & qui ont au-dessous d'eux les Thalamites vers la prouë ; il est manifeste que l'Auteur a pû dire, que ces vaisseaux ont pris leur nom des rangs de rames ou des bandes de rameurs ainsi disposez les uns au-dessus des autres ; ensorte qu'on appelle Biremes, ceux qui

qui ont deux rangs de Thranites, deux de Zygites, deux de Thalamites ; Triremes, ceux qui en ont de même trois de chaque espece, & ainsi du reste. Mais on pourroit peut être donner cet autre sens aux dernieres paroles de ce passage : *Uniremis, Biremis, Triremis dicuntur ab ordinibus qui se habent ad se invicem ratione altitudinis [navis, scilicet.]* κατὰ τοὺς στίχους τοὺς κατὰ τὸ ὕψος ἐπὶ ἀλλήλοις. *Les vaisseaux de guerre prennent leurs noms des rangs, qui sont entr'eux à raison de la hauteur desdits vaisseaux.* C'est-à-dire que les Biremes ont deux rames à chaque rang, les Triremes trois, & les autres de même, à proportion de leur hauteur & de leur grandeur. En effet les vaisseaux étoient differents entr'eux en hauteur comme ils l'étoient en nombre de rames, & la mesure de l'un étoit la mesure de l'autre. Ce seul passage de T. Live le prouvera : *Tres Quadriremes, Quinqueremem Romanam aggressæ sunt, sed neque rostro ferire celeritate subterlabentem poterant, neque transire armati ex humilioribus in altiorem navem.* De quelque maniere donc qu'on entende les paroles de l'Auteur anonyme, il n'y a rien qui autorise le systeme des étages, rien qui ne s'accorde avec le nôtre.

Mais sommes nous assez bien fondez pour supposer, comme nous faisons, que les Anciens mettoient plus d'un homme par banc ou par rame? Il est étonnant & presque incroïable que Scaliger, Scheffer & quelques autres qui avoient un interêt particulier à multiplier le nombre des rameurs par rame, aïent cependant soûtenu que les Anciens ne donnoient à chaque rame qu'un homme seul. Comment ces Messieurs n'ont-ils pas vû l'embarras, ou plûtôt l'impossibilité qu'il y avoit à supposer que les rameurs du dixiéme, du vingtiéme, trentiéme, quarantiéme & cinquantiéme étage, pûssent manier ces rames énormes, ou ces arbres prodigieux qu'on leur mettoit à la main? & qu'Isaac Vossius démontre avoir dû être au quarantiéme étage de plus de deux cens pieds de long, & d'une grosseur & pesenteur proportionnée. On aura beau sur l'autorité d'Athenée charger de plomb l'extrémité des avirons des Thranites, il faudroit charger de même les avirons non seulement des Zygites, mais aussi de la plûpart des Thalamites, pour mettre ces lourdes masses en état de recevoir quelque mouvement. Ce mouvement même qu'on leur ſeroit recevoir comme il ſeroit inégal & diſproportionné à celui des autres rames, nuiroit plus qu'il ne ſerviroit pour faire avancer le vaiſſeau. Ecoûtons là-deſſus le même Voſſius. *Scio quidem nulla eſſe tam magna pondera, quæ non virtute mechanicâ ab uno quoque moveri poſſint homine. Sed & hoc quoque novi quanto majora ſunt pondera, tanto tardius moveri, & ſimul mota tardius inhiberi. Atqui inutiles ſunt remi, ſi non celerrime percutiant, & celerrime reducantur. Nihil hic proſunt Mechanicæ potentiæ, cum æterna maneat lex, ut ſi ab uno moveantur, quæ à decem deberent moveri hominibus : moveantur quidem ſed decuplo tardius. Neque enim natura falli ſe patitur per compendia.* Fabretti après avoir menagé le terrain autant qu'il a pû, & plus ſans doute qu'il ne devoit, eſt cependant obligé de donner juſqu'à cinquante pieds de longueur aux rames du ſixiéme étage ; que ſeroit-ce s'il avoit pouſſé l'induction juſqu'au quarantiéme & cinquantiéme rang ?

Mais mettant à part ce ſyſteme in-ſoûtenable, je dis que dans le ſentiment même que nous défendons, on doit ſuppoſer que les Anciens mettoient ſur chaque rame plusieurs rameurs. Il est vrai qu'aucun passage ne le dit formellement, mais aucun ne le nie non plus, & la raison le démontre suffisamment. C'est un principe de l'architecture navale, que la longueur & la grosseur des avirons, doivent être proportionnées à la grandeur & à la hauteur des vaisseaux. Ainsi voïons nous que sur nos Galeres ordinaires, on met cinq à six hommes par banc, & on ne trouveroit pas son compte à se servir de rames qui ne fussent maniées que par un homme seul. Les Galiotes qui n'ont gueres que trois hommes par banc, ont aussi à proportion de moindres rames. Or les Anciens vaisseaux de guerre étoient & plus hauts de bord & plus élevez pour la pluspart que nos Galeres. Ils devoient donc avoir des rames proportionnées, & par consequent plusieurs hommes sur chaque rame. Outre cette raison de necessité, la commodité seule engageoit à prendre cette pratique. Sans rien faire perdre au vaisseau de sa force ni de sa vitesse, on s'ôtoit l'embarras d'un nombre de rames presqu'infini. Au lieu de plus de quatre mille avirons qu'on eût dû mettre sur le vaisseau de Philopator, on les reduisoit tout d'un coup à la dixiéme partie, & à moins encore si l'on vouloit. Les Anciens pouvoient-ils ne se pas appercevoir qu'il ne tenoit qu'à eux de gagner en nombre d'hommes par banc, ce qu'ils perdroient en nombre de rames ? & s'ils ne pouvoient ignorer cet avantage, à qui persuadera-t-on qu'ils aïent negligé un moïen si facile & qui leur rendoit la navigation infiniment plus aisée ?

Venons enfin au fameux bâtiment de Philopator, dont Plutarque & Athenée nous ont donné la description, & qui avoit quarante rangs de rames & quatre mille rameurs. Nous laissons aux défenseurs des étages le soin de disposer leurs quarante rangs de rames & de rameurs, d'expliquer pourquoi ils ne mettent que cinquante rames de suite dans toute la longueur de ce prodigieux vaisseau, & qu'ils en mettent jusqu'à cent sur une Octireme dont nous parlerons bien-tôt, & qui devoit être quatre ou cinq fois plus petite. [Je dis qu'ils ne mettent que cinquante rames de long, encore faut-il pour cela, qu'il n'y ait sur chacune de toutes les rames de leurs quarante étages, qu'un seul homme : autrement ils n'auroient pas de rameurs pour toutes leurs rames] de nous montrer quelle proportion il y a, à mettre quarante rangs de rames dans la hauteur du vaisseau, & à n'en mettre que cinquante dans la longueur : & encore beaucoup moins, si on multiplioit les rameurs sur quelques-uns des avirons. Nous laissons de même, à ceux qui entendent par le nombre de rangs de rames, le nombre des rameurs sur chaque rame, à nous expliquer comment ils disposent sur une même ligne deux files de quarante rameurs chacune, dans la largeur du vaisseau ; quelle proportion ils gardent, en mettant ainsi sur une ligne, dans cette largeur deux files chacune de quarante hommes, & n'en mettant que cinquante dans la longueur. Comment aussi sur ce grand bâtiment ils ne mettent dans leur systeme que cinquante avirons de chaque bord, eux qui en doivent mettre quarante sur une Quinquereme & cent sur une Octireme, comme nous verrons bien-tôt. Enfin nous laissons aux uns & aux autres à nous expliquer, quelle necessité il y avoit, de multiplier avec tant d'embarras, pour ne pas dire avec une impossibilité si évidente, soit les étages de rameurs en hauteur, ſoit les files de rameurs dans la largeur du vaiſſeau, tandis qu'on laiſſoit tant d'eſpace vuide en longueur où on eût pû naturellement & commodément s'étendre tant qu'on eût voulu.

Pour nous, voici en deux mots comment nous arrangeons les choſes dans ce vaiſſeau, ſuivant nôtre hypotheſe. Il y avoit cent vingt rames de chaque côté, quarante à chaque rang. Ce qui n'eſt nullement impoſſible, vû la longueur du vaiſſeau, qui étoit de quatre cens vingt pieds ou de deux cens quatre-vingt coudées. Chaques bancs de rameurs pourront être éloignez les uns des autres de plus de trois pieds, ſans y comprendre la largeur des bancs. En mettant ſur chaque rame ſeize à dix-ſept rameurs on aura les quatre mille marquez par Athenée. On peut même ſuppoſer, ſi on veut, que dans ce vaiſſeau de parade où tout étoit multiplié avec profuſion, ce nombre de rameurs n'étoient pas tous occupez à la fois & qu'ils ſe relevoient les uns les autres.

Pline parle d'un vaiſſeau Quinquerême de l'Empereur Caius, qui avoit quatre cens rameurs. Dans le ſyſteme de nos adverſaires, ce ſeroit ou cinq étages de rameurs, chacun de quarante rames dans la longueur du vaisseau; ou quarante rames dans la longueur & cinq hommes sur chaque rame. Nous avons fait voir dans l'article précedent l'inconsequence & la disproportion étrange qui se trouve dans ces suppositions. Selon nôtre hypothese ce seroit treize rameurs par banc. Encore peut-on dire qu'on n'emploïa ce nombre de rameurs, que quand le vaisseau fut arrêté par l'accident que Pline raconte, & pour le faire avancer à force de bras.

Quand Silius Italicus parle d'un vaisseau qui avoit deux cens rames de chaque côté: *Sed quater hæc centum numeroso remige pontum pulsabat tonsis;* qui ne voit que c'est une exageration semblable à celle de Virgile, qui nous represente des Triremes, & autres semblables vaisseaux comme des Isles flottantes, où comme des montagnes mobiles? Polybe, T. Live, Plutarque, qui sont si exacts à marquer la grandeur & l'espece des vaisseaux Romains & Carthaginois, ne nous ont rien dit de celui-ci, le plus grand cependant, si on en croit Silius, qui fût jamais sorti des ports de Carthage. Ce n'est même

même qu'en paſſant & en peu de mots que l'Hiſtoire nous parle de la Flotte où ſe trouva ce rare bâtiment. A la bonne heure, dira-t-on que le Poëte ait encheri ſur l'Hiſtoire, du moins n'a t-il dû rien avancer qui ne fût poſſible & vraiſemblable. J'en conviens ; auſſi trouvons nous des eſpeces de vaiſſeaux qui pouvoient porter plus de quatre cens rames. Temoin le Thalamege de Philopator, décrit par Athenée, & autres ſemblables bâtimens des Rois d'Egypte & des Empereurs Romains, dont parlent Appien & Suetone, & qui pouvoient avoir ſix cens pieds de long. Mais comme ces Thalameges ne furent jamais vaiſſeaux de guerre, & qu'on ne s'en ſervit jamais dans un combat naval. On doit dire de même que ce bâtiment à quatre cens rames ne fut jamais fabriqué que dans l'imagination du Poëte, pour ſervir d'ornement à ſon ouvrage, & non pour entrer en ligne dans une armée Navale.

Le même Silius décrivant l'incendie du vaiſſeau dont on vient de parler, s'exprime ainſi : *intrat diffuſos peſtis Vulcania paſſim, atque implet diſperſa foros. trepidatur omiſſo ſummis remigio. ſed enim tam rebus in arctis, fama mali nundum tanti penetrarat ad imos.* Ici triomphent les défenseurs des étages differens élevez les uns sur les autres. *Summi*, disent-ils, ce sont les rameurs des premiers étages, *imi* ceux des étages d'enbas. Mais rien ne fait mieux sentir la force de la prévention que ce triomphe prématuré. Si un Historien racontoit comment le feu aïant pris à un de nos vaisseaux, tout étoit en agitation sur le tillac, & comment la manœuvre y étoit interrompuë quoique ceux du fond de calle ne sçussent encore rien de ce funeste accident : s'ensuivroit-il que ceux du fond de calle servoient aussi à la manœuvre & qu'ils la continuoient encore ? Il n'y a qu'à faire l'application de cet exemple au passage en question. Le Poëte dit seulement que le feu aïant pris au haut du vaisseau, & les rameurs aïant été obligez de quitter la rame, ceux qui étoient sur le tillac *summi* se trouverent dans un extrême embarras, tandis que ceux qui étoient au fond de calle *imi* ignoroient encore ce fâcheux accident. Il ne dit en aucune maniere, qu'il y eût des étages de rameurs inferieurs, qui continuassent encore à ramer après que ceux d'enhaut eurent cefsé de le faire. Quelques-uns avec assez de vrai-semblance, entendent par *summi* les rameurs du côté de la prouë, & par *imi* ceux du côté de la poupe. Premierement, disent-ils, le vaisseau fut attaqué par la prouë par les Galeres Romaines. En second lieu, après l'incendie commencé, Himilcon continua encore long-tems à se défendre sur son bord, *qua nundum tamen intulerat vim Dardana lampas, parcebatque vapor, saxorum gradine dirus arcebat fatumque ratis retinebat Himilco.* Enfin le feu gagnant de plus en plus, on se retira sur la poupe où l'on continua de se défendre jusqu'à ce que la flamme y eût penetré. *Quos fuga præcipites partem glomerarat in unam puppis adhuc vacuam tædæ. sed,* &c. Sil. l. 14. De toute cette narration, ils concluent que les rameurs, que le Poëte a d'abord appellé *summi*, ne peuvent être que les plus proches du côté où commença l'incendie, & que par *imi* on ne peut entendre que les rameurs les plus reculez & les plus enfoncez à l'autre extremité du vaisseau du côté de la poupe. Quelque parti qu'on prenne là-dessus, les partisans des étages ne sçauroient y gagner.

Je ne vois plus gueres qu'un passage,

qui puisse souffrir quelque difficulté. Il est tiré d'un fragment de Memnon rapporté par Photius. Il s'agit d'une Octireme qui attiroit l'admiration de tout le monde. Voici le sens du passage. *Cent hommes y ramoient* ; ἕκατον ἄνδρες ἑκατόστοιχον ἤρεσσον, ou selon Scaliger ἑκατόνστοιχοι, ou ἕκαστον στοῖχον selon Palmerius, ou enfin selon d'autres, ἑκατονστοιχεὶ. *en sorte qu'il y avoit huit cens de chaque côté, & seize cens des deux côtez. Mille deux cens combattoient sur les Catastromates ; il y avoit deux Maîtres Pilotes*, &c. Voilà donc une Octireme à qui il semble qu'on donne huit cens rameurs de chaque côté. Ce qui feroit dans nôtre hypothese trente-trois ou trente-quatre rameurs par rame. On pourroit les supposer placez vis-à-vis les uns des autres, en doublant les rangs, auquel cas ils ne seroient que seize ou dix-sept de file sur chaque rame, dont une partie seroient assis, les autres rameroient debout. Ce nombre ne doit pas paroître excessif sur tout à ceux de nos adversaires qui ne trouvent pas de difficulté à placer jusqu'à cinquante hommes sur chaque aviron. Cependant comme l'Auteur ne parle point des matelots emploïez à la manœuvre & aux autres fonctions necessaires sur un vaisseau monté de près de trois mille hommes ; & que d'ailleurs nous avons fait voir, en expliquant un passage de Polybe, que les matelots, & autres personnes servant à l'équipage, sont souvent compris sous le nom de Rameurs. Il est évident qu'on ne sçauroit se dispenser de diminuer ici considerablement le nombre des rameurs attachez actuellement à la rame. On peut donc les reduire à trois cens de chaque côté, douze ou treize sur chaque rame, & cent dans chaque rang de rameurs ἕκατον ἄνδρες ἕκαστον στοῖχον ἤρεττον, & emploïer le reste à rendre les services necessaires sur un vaisseau si chargé de monde, ou a partager alternativement avec les autres rameurs le travail de la rame. Nous avons fait voir ci-dessus que les partisans des autres systemes ne sçauroient faire icy d'arrangement qu'ils ne tombent dans des inconsequences absurdes & qu'ils ne choquent toutes les regles de proportion.

Quoique ce passage ne donne aucune atteinte à nôtre hypothese, je le dirai cependant en passant : j'ai de la peine à me persuader qu'un vaisseau de guerre & d'usage, d'une grandeur d'ailleurs assez mediocre, n'étant qu'Octireme, ait pû avoir près de trois mille hommes comme on le suppose communément; puisque sur nos plus grands vaisseaux de guerre on met à peine mille hommes. J'ai donc crû quelque-tems que dans ce passage, qui paroît d'ailleurs alteré, ces paroles : *ensorte qu'il y avoit de chaque côté huit cens & des deux deux côtez seize cens*, pouvoient ne pas tomber sur les rameurs, mais sur tout l'équipage qui étoit de seize cens hommes. Sçavoir cent rameurs chaque côté, ἕκαστον ἑκατόνστοιχον ἤρετμον, dont il venoit de parler, quatre à cinq par rames. Douze cens soldats dont il parle incontinent ensuite ; deux maîtres Pilotes & le reste des matelots necessaires à la manœuvre, & qui pouvoient bien monter à deux cens, ce qui fait en tout seize cens. Mais ce n'est après tout qu'une conjecture, que j'abandonne volontiers à la critique & que je n'ai point d'interêt de soûtenir.

On cite quelquefois sur cette matiere les Tactiques de l'Empereur Leon, quoique assez mal-à-propos. Puisque de son tems, c'est-à dire vers le commencement du dixiéme siecle, les vaisseaux étoient tout differens de ceux des

Anciens, dont on ne connoissoit pas bien la structure plusieurs siecles auparavant, comme nous l'apprenons de Zosime. Cet Empereur ne dit cependant rien, qui ne s'accorde avec ce que nous avons établi jusqu'ici. Il donne à tous ses vaisseaux le nom de *Dromones* δρόμωνες, qu'on appelloit, dit-il, autrefois *Triremes*. Il ne leur donne neanmoins que deux rangs de rames. *Que chaque Dromone, dit-il, soit long & d'une juste proportion, aïant ce qu'on appelle deux rangs de rames, l'un au-dessus, l'autre au-dessous :* ἔχων ἐλασίας δύο. Il suppose que dans les grands vaisseaux il y avoit vers le milieu une sorte de château de bois, d'où les soldats faisoient joüer des machines. Ce qui devoit faire une separation du vaisseau en deux parties, l'une au-dessus du mast vers la poupe, l'autre au-dessous, & par consequent deux rangs ou bandes de rameurs, δύο ἐλασίας. Sur la premiere qui étoit plus élevée étoient les soldats & les rameurs les plus braves, car tous les rameurs étoient armez. Les Dromones ordinaires avoient à chaque rang pareil nombre de rameurs ; ceux d'une grandeur extraordinaire avoient le triple de rameurs au rang superieur. Les plus petits n'avoient apparemment qu'un rang de rameurs ; c'est pourquoi il les appelle μονήρεις. Ces vaisseaux paroissent avoir eu beaucoup de rapport avec les Galeasses. Il emploïe même le nom de γαλέαι. Il ne donne aux grands Dromones que cent rameurs en tout, & deux cens à ceux de la premiere grandeur. Comme il ne détermine point le nombre des rames, on ne sçauroit non plus déterminer le nombre d'hommes qu'il mettoit sur chaque rame. Je croirois aisément que sur les Dromones de la premiere grandeur il y avoit quatre ou cinq hommes par banc, à peu près comme sur nos Galeres ; & sur les autres, deux ou trois, comme sur les Galiotes ou petites Galeres.

Jusqu'ici nous avons rapporté avec toute la bonne foi & l'exactitude possible, les autoritez & les passages qu'on emploïe de part & d'autre sur ce sujet. Et de tout ce qui a pû venir à nôtre connoissance. Nous ne croïons pas avoir rien obmis d'essentiel. C'est au Lecteur, qui a presentement en main les pieces du procez, à prononcer, si l'hypothese que nous avons proposée, n'est pas la plus naturelle, la moins embarrassante, & j'oſe dire la ſeule ſoûtenable. Je n'eſpere cependant pas que les partiſans des étages, malgré les difficultez invincibles de leur ſyſteme, ſe rendent ſi aiſément. Je m'attends bien que pour toute réponſe il nous renvoiront à la Colonne Trajane où l'on voit quelques Biremes & Triremes avec des rangs de rames les uns ſur les autres dans la hauteur du vaiſſeau; & qu'après avoir vanté l'antiquité & l'exactitude de ce monument, ils concluront, en nous inſultant, pour la verité de leur ſyſteme. Pour moi qui ne porte pas le reſpect ni l'eſtime pour ces anciens monuments, juſqu'à la ſuperſtition & à l'aveuglement, je ferai un raiſonnement tout contraire, & je dirai ſans balancer, que l'impoſſibilité des étages une fois démontrée, il s'enſuit que les figures de vaiſſeaux repreſentez ſur la Colonne, ne ſont qu'une pure fiction de l'ouvrier, ou une marque de ſon ignorance dans l'architecture navale. On ne me perſuadera jamais qu'on doive aller contre toutes les lumieres des ſens & de la raiſon, plûtôt que d'avoüer qu'un ſculpteur qui n'avoit peut-être jamais vû de vaiſſeaux de guerre, a pû nous les repreſenter autrement qu'ils n'étoient. Quelque respectable que soit l'Antiquité, elle n'a pas encore acquis le droit d'infaillibilité. Quelle merveille qu'un Sculpteur aujourd'hui, quoique d'ailleurs habile dans son art, se trompe dans la representation de certaines figures, dont la description exacte demanderoit des connoissances qu'il n'a pas souvent! Les ouvriers du tems de Trajan auroient-ils eu seuls le privilege d'être impeccables?

Nous voïons sur cette Colonne des Triremes & des Biremes sans masts & sans voiles; auroit-on droit de conclure de-là que ces vaisseaux n'avoient effectivement ni voiles ni masts? Est-on mieux fondé à leur donner les étages avec lesquels il a plû au Sculpteur de les representer, qu'à leur ôter les masts & les voiles dont le même Sculpteur les a privez? D'autres personnes ont déja remarqué, qu'excepté les figures d'hommes & d'animaux qui sont bien representées sur la Colonne Trajane; le reste &, & en particulier ce qui regarde l'architecture & la perspective, y est fort défectueux. L'attitude même & la situation des rameurs qu'on voit sur ces Galeres, la maniere dont ils tiennent leurs rames, ne donnent pas une idée fort avantageuse de la science maritime de l'ouvrier. On voit à la page 30. & 31. de la description que Ciaconius nous a donnée de cette Colonne, des especes de Biremes, où les rames paroissent à la verité un peu plus élevées les unes que les autres; mais où les rameurs qui tiennent les rames les plus basses, sont de niveau avec les autres rameurs & également élevez sur le tillac. Ce qui marque le caprice & la fantaisie de l'ouvrier dans la maniere de tracer &. de placer les rames, sans prouver des étages de rameurs. On pourroit peut-être dire la même chose des autres figures. C'est sans doute ce qu'on doit dire d'une Galere sur laquelle Jean Paleologue Empereur des Grecs vint en Italie, & dont on trouve une estampe gravée dans l'Histoire du Concile de Florence de Justiniani, imprimée à Rome en 1638. On y voit comme deux rangs de rames, mais tous les rameurs sont évidemment sur le même plancher.

Enfin nous opposons à ce monument, qui est le seul bien authentique qu'on nous objecte, l'autorité d'une infinité de medailles frappées en divers tems, en divers lieux, & par differentes personnes, sur lesquelles les vaisseaux, même ceux que montoient les generaux, *naves prætoriæ*, sont constamment representez avec un seul étage de rames. Ce fait peut être verifié par la lecture des livres qui traitent des medailles. Qu'on ne se retranche pas sur la petitesse des medailles qui n'a pas permis d'y marquer les étages de rames. Les Antiquaires se mocqueroient de cette réponse; ils sçavent qu'on y represente tres distinctement & sans confusion des choses infiniment plus déliées, plus compliquées & plus difficiles à exprimer. Il faut pourtant remarquer que sur plusieurs de ces medailles, l'extremité exterieure de la rame, appellée *palma* ou *palmula*, est representée beaucoup plus large que le reste de la rame. Et il se pourroit bien faire qu'on eût pris pour un étage de rames different, les lignes qui servent à former cette extremité. On seroit presque tenté de croire, que c'est ce qui a trompé Fabretti & quelques autres par rapport à une medaille de Gordien sur laquelle on voit un vaisseau avec cette legende, *Trajectus*. On trouve dans plusieurs livres une medaille du même Empereur, avec la même figure & la même legende, representée très distinctement, mais avec un seul rang de rames de la maniere qu'il a été dit. Au reste s'il se trouvoit par hazard quelque medaille où les étages fussent marquez, ce seroit une preuve qu'on auroit pû les representer sur toutes les autres. Ce qui n'aïant cependant jamais été pratiqué, comme il auroit dû l'être, tout ce qu'on pourroit conclure c'est que la medaille, où les rangs se trouveroient representez, seroit fausse, ou qu'elle auroit été frappée par un ouvrier mal-habile.

Après tout ce que nous venons de dire, si le préjugé en faveur de la Colonne Trajane empêchoit encore quelques personnes d'embrasser un sentiment qui pourroit donner atteinte à ce precieux reste de l'Antiquité, qu'ils se souviennent du moins que la possibilité du systeme des étages, ne se trouveroit autorisée en quelque sorte par ce monument que pour les Biremes & les Triremes. Nous avons reconnu nous-mêmes dès le commencement de cette dissertation, que si on n'étoit pas obligé de pousser les choses plus loin, l'hypothese des étages pourroit ne paroître pas absolument impossible. Cette possibilité apparente pour les Biremes & Triremes, a pû engager l'ouvrier qui avoit entendu parler de rangs de rames, à les concevoir & à les arranger comme il a fait sur sa Colonne. Par-là l'ouvrage quoiqu'il ne soit pas conforme à l'exacte verité, ne representera rien d'absurde ni d'évidemment impossible. Voilà tout ce que nous pouvons raisonnablement accorder. Si on en demande davantage nous croïons être en droit de le refuser, jusqu'à ce qu'on ait satisfait nettement & en détail à toutes les difficultez que nous avons proposées ; & qu'on ait appliqué & ajusté à un autre systeme, ainsi que nous l'avons fait au nôtre, tous les passages citez ci-dessus.

Après avoir achevé cette Dissertation, j'ai consulté la nouvelle description de la Colonne Trâjane donnée par Bartoli & gravée beaucoup plus élegamment & plus exactement que la premiere. Je n'y ai vû que des especes de Biremes, au lieu des Triremes qui paroissent dans l'autre. Et les rames de ces Biremes sont tellement disposées, que rien n'empêche qu'elles ne puissent toutes être maniées par des rameurs placez à la même hauteur sur le même tillac, ainsi que nous l'avons remarqué ci-dessus. Il paroît qu'on doit s'en tenir là, pour ce qui regarde la Colonne Trajane, & qu'on s'est peut être servi trop legerement de l'autorité de cet ancien monument pour établir le systeme des étages de rameurs. Si on n'y avoit déferé qu'autant que la necessité le demandoit, & qu'on n'eût voulu y trouver que ce qui y est effectivement representé, on ne se seroit pas jetté, comme on a fait, dans un labyrinthe de difficultez, d'où il n'est pas possible de se tirer.

FIN.

APPROBATION.

J'AI lû par ordre de Monseigneur le Chancelier, un Manuscrit intitulé: *Dissertation sur les Triremes, ou Vaisseaux de guerre des Anciens*, dont on peut permettre l'impression. A Paris le 30. Avril 1721. Signé, CHERIER.

PERMISSION DU ROY.

LOUIS par la grace de Dieu Roi de France & de Navarre, A nos amez & feaux Conseillers les Gens tenans nos Cours de Parlemens, Maîtres des Requêtes ordinaires de nôtre Hôtel, Grand-Conseil, Prevôt de Paris, Baillis, Senéchaux, leurs Lieutenans civils, & autres nos Justiciers qu'il appartiendra, Salut. Nôtre bien-amé LOUIS-DENIS DELATOUR Libraire à Paris, Nous aïant fait supplier de lui accorder nos Lettres de Permission pour l'impression d'un Livre qui a pour titre : *Dissertation sur les Triremes, ou Vaisseaux de guerre des Anciens*, & qu'il souhaite faire imprimer & donner au public ; Nous avons permis & permettons par ces Presentes audit Delatour, de faire imprimer ledit Livre en telle forme, marge, caractere, & autant de fois que bon lui semblera, & de le vendre, faire vendre & débiter par tout nôtre Roïaume, pendant le tems de trois années consecutives, à compter du jour de la date desdites Presentes. Faisons défenses à tous Libraires, Imprimeurs, & autres personnes de quelque qualité & condition qu'elles soient, d'en introduire d'impression étrangere dans aucun lieu de nôtre obéïssance ; à la charge que ces Presentes seront enregistrées tout au long sur le Registre de la Communauté des Libraires & Imprimeurs de Paris, & ce dans trois mois de la date d'icelles ; que l'impression de ce Livre sera faite dans nôtre Roïaume & non ailleurs, en bon papier, & en beaux caracteres, conformément

conformément aux Reglemens de la Librairie ; & qu'avant de l'exposer en vente, le manuscrit ou imprimé qui aura servi de copie à l'impression dudit Livre, sera remis dans le même état où l'approbation aura été donnée, ès mains de nôtre très-cher & feal Chevalier Chancelier de France le Sieur DAGUESSEAU, & qu'il en sera ensuite remis deux Exemplaires dans nôtre Bibliotheque publique, un dans celle de nôtre Château du Louvre, un dans celle de nôtredit très-cher & feal Chevalier Chancelier de France le Sieur DAGUESSEAU, le tout à peine de nullité des Presentes ; du contenu desquelles, vous mandons & enjoignons de faire joüir l'Exposant ou ses aïans cause, pleinement & paisiblement, sans souffrir qu'il leur soit fait aucuns troubles ou empêchemens. Voulons qu'à la copie desdites Presentes qui sera imprimée tout au long au commencement ou à la fin dudit Livre, foi soit ajoûtée comme à l'Original. Commandons au premier nôtre Huissier ou Sergent, de faire pour l'execution d'icelles, tous Actes requis & necessaires, sans demander autre permission, & nonobstant Clameur de Haro, Charte Normande, & Lettres à ce contraires : CAR tel est nôtre plaisir. DONNE'E à Paris le quinziéme jour de Mai, l'an de grace mil sept cens vingt-un, & de nôtre Regne le sixiéme. Par le Roi en son Conseil, CARPOT.

Registré sur le Registre IV. de la Communauté des Libraires & Imprimeurs de Paris, page 734. n. 793. conformément aux Reglemens, & notamment à l'Arrêt du Conseil, du 13. Août 1703. A Paris le 24. Mai 1721.

Signé, DELAULNE, Syndic.

F

www.ingramcontent.com/pod-product-compliance
Ingram Content Group UK Ltd.
Pitfield, Milton Keynes, MK11 3LW, UK
UKHW020419230726
13925UKWH00004B/1527